不可思议的万物变化

岩石转化

[英] 吉利安·鲍威尔 著
[荷] 凯·科恩 绘
吕红丽 译

中国农业出版社
农村设备出版社
北 京

图书在版编目（CIP）数据

不可思议的万物变化.岩石转化 /（英）吉利安·鲍威尔著；（荷）凯·科恩绘；吕红丽译.—北京：中国农业出版社，2023.4

ISBN 978-7-109-30385-0

Ⅰ.①不… Ⅱ.①吉…②凯…③吕… Ⅲ.①自然科学－儿童读物②岩石－儿童读物 Ⅳ.①N49②P583-49

中国国家版本馆CIP数据核字(2023)第028813号

著作权合同登记号：图字01-2022-5148号

中国农业出版社出版
地址：北京市朝阳区麦子店街18号楼
邮编：100125
策划编辑：宁雪莲 陈 灿
责任编辑：刁乾超 文字编辑：吴沁茹
版式设计：李 爽 责任校对：吴丽婷 责任印制：王 宏
印刷：北京缤索印刷有限公司
版次：2023年4月第1版
印次：2023年4月北京第1次印刷
发行：新华书店北京发行所
开本：889mm×1194mm 1/12
印张：$2\frac{2}{3}$
字数：45千字
总定价：168.00元（全6册）

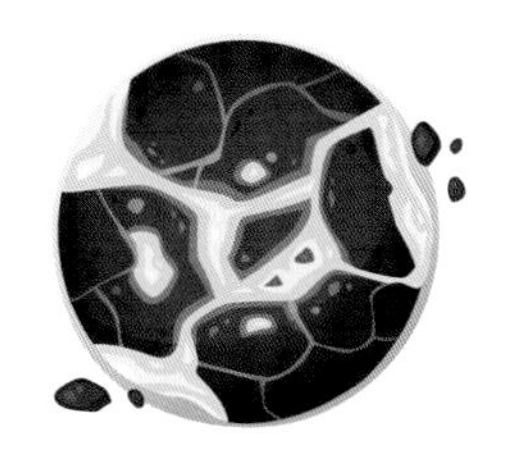

目　录

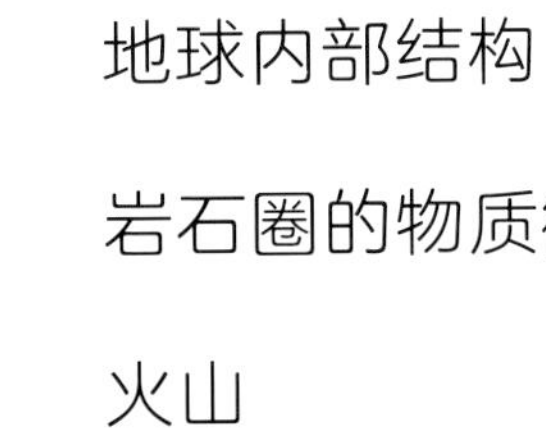

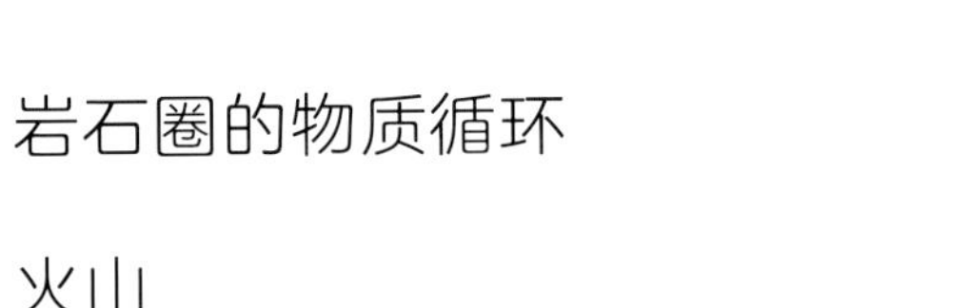
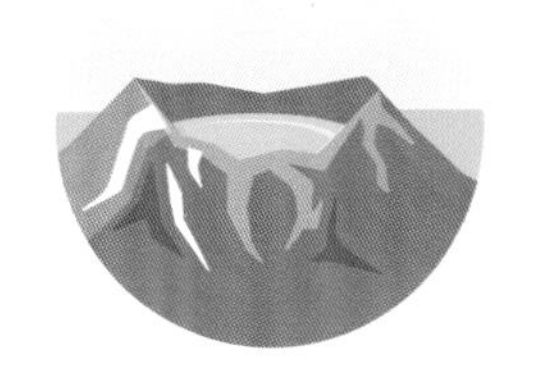

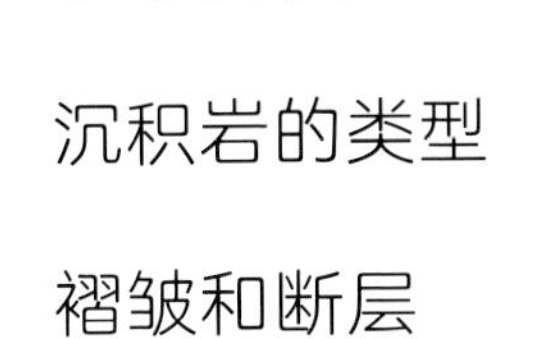

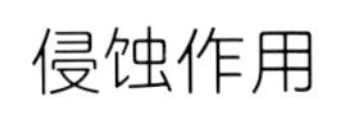

什么是岩石

我们脚下踩的地面属于地球固体圈层的最外层，也是地球的地壳，由岩石组成。大多数岩石较为坚硬，颜色多样，有白色、绿色和黑色等。

矿物和岩石

矿物是构成岩石的基本单元，一般为结晶态的天然化合物或单质，具有均匀且相对固定的化学成分和确定的晶体结构。岩石是天然产出的矿物集合体。岩石常由多种矿物组成，例如，花岗岩的主要矿物有石英、长石和黑云母等。岩石有时也可由单一的矿物组成，也就是单矿岩。

岩石的分类

岩石按照成因可以分为3类：火成岩（又称岩浆岩）、沉积岩和变质岩。火成岩是由高温岩浆在地下深处或喷出地表冷却凝固形成的岩石，岩浆是地下深处的高温熔融物质。沉积岩是指成层堆积的松散沉积物固结而成的岩石，沉积物包括砂和碎贝壳等。在一定的温度、压力等条件下，地壳中原有岩石的矿物成分、结构等发生改变而形成的一种新的岩石，称为变质岩。

这些巨型孤峰群位于美国亚利桑那州，由沉积岩（如砂岩和页岩）构成。

最古老的岩石和最年轻的岩石

世界上最古老的岩石产于加拿大西北部，大概是40亿年前形成的变质岩。世界上最古老的沉积岩大约有38亿年的历史，产于格陵兰岛。最年轻的岩石是指那些刚形成不久的岩石，如由火山岩浆冷却后形成的火成岩。意大利西西里岛的埃特纳火山不断爆发，形成了大量新岩石。

世界无奇不有

问 你知道自然界最多的矿物是什么吗？

答 自然界最多的矿物是石英，这是一种由二氧化硅组成的矿物。石英是砂的主要成分，砂可用于制造玻璃、混凝土和瓷器。体积大的石英晶体常用来制造宝石。

花岗岩属于火成岩。

石灰岩属于沉积岩。

大理岩属于变质岩。

由玫瑰色石英制成的珠宝。

地球内部结构

地球内部可分为三个圈层，地球表面的一层外壳是地壳，地壳的下面两个主要圈层包括地幔和地核。

炽热的地核

地核是地球的核心部分，这里的温度可以达到6000℃。地核分为外核和内核两部分。外核是高温状态下液态的金属物质。内核是一个固体金属球。地核主要由铁和镍等金属组成。

地幔

地幔是地球内部介于地壳和地核之间的圈层，深度从地壳底部到2900千米。地幔分为上地幔和下地幔两部分。上地幔上部物质在高温高压条件下成为熔融状态，看似一碗浓汤，这就是岩浆。岩浆可通过地幔上升到地壳，冷却凝固形成岩石。

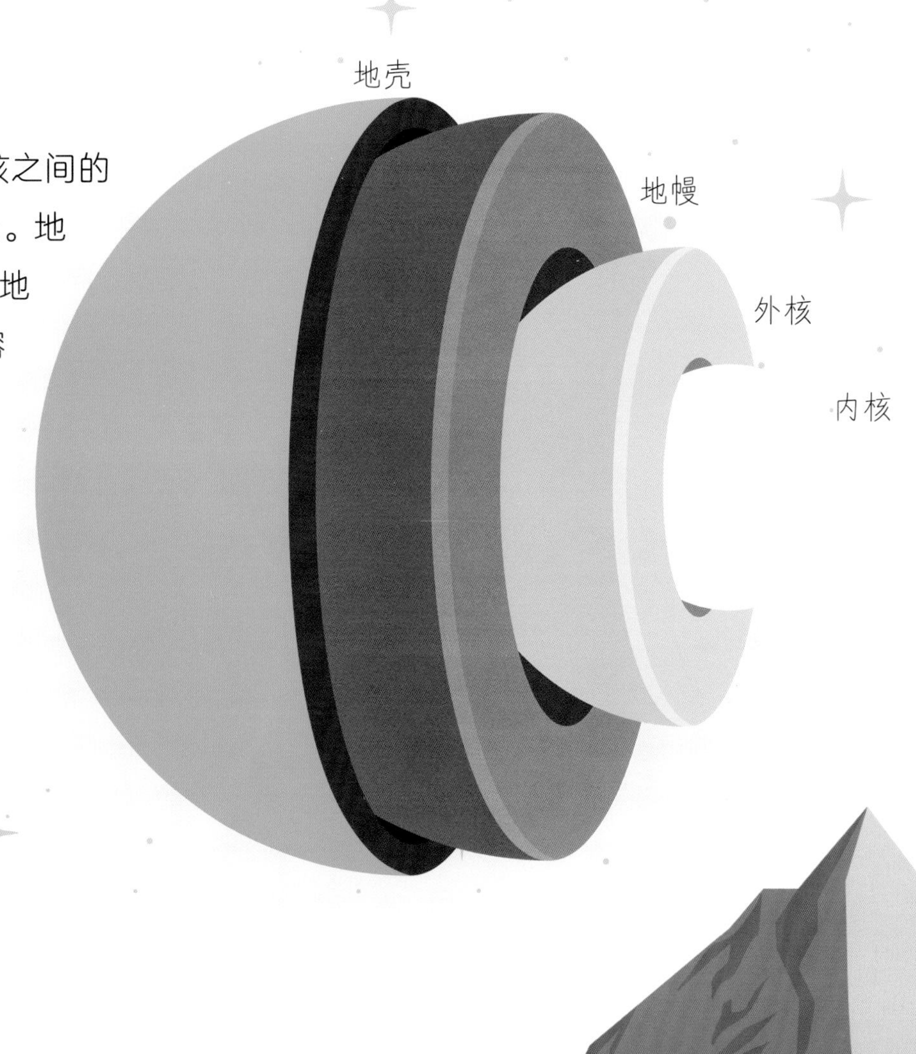

虽然地球的内核温度非常高，但依然保持着固体状态。这是因为内核位于地球最深处，受到了巨大压力，使得内核中的金属呈固态。

地壳

地壳是地球固体圈层的最外层。地壳厚薄不一样，大陆地壳厚，平均厚度为39 ~ 41千米；海洋地壳薄，厚度仅5 ~ 8千米。地壳和上地幔顶部都由岩石组成，合称岩石圈。根据板块构造学说，地球的岩石圈不是完整的一块，而是由若干巨大的板块拼合而成。一般认为，可能是地幔内部的对流过程导致板块运动。板块运动形成了板块之间的两种基本关系：有的板块彼此碰撞，而有的板块彼此分离。

世界无奇不有

问 你知道环太平洋火山带指的是什么吗？

答 指的是围绕太平洋的火山圈。由于太平洋板块与相邻板块的运动，该地区经常有地震和火山爆发。

环太平洋火山带有许多活火山。

两个大陆板块相互碰撞挤压，导致岩石坍塌并迫使它们向上移动，形成山脉。

岩石圈的物质循环

岩石圈中火成岩、沉积岩和变质岩可以相互转化，这种转化称作岩石圈的物质循环。

3

4

地表的岩石经过风化、侵蚀、搬运、沉积、压实和固结，形成沉积岩。

5

喷出地表的岩浆冷却凝固形成火成岩。

火成岩的转化

火成岩在地下高温、高压等条件下，形成变质岩。

岩浆侵入地壳，冷凝形成火成岩。

2

最后，这些碎屑物质又形成了新的沉积岩。

沉积岩的转化

火山喷发，岩浆喷出地表。

由于地壳运动，岩石被推入地幔，熔融成新的岩浆。

地表的沉积岩在风、雨和太阳等的作用下，逐渐变为碎屑物质。

1

7

6

地球内部的岩浆在巨大的压力作用下，沿着地壳薄弱地带侵入到地壳之中或喷出地表，冷却凝固形成火成岩。地表的岩石通过风化、侵蚀变成碎屑物质，这些碎屑物质被风、水等外力搬运后，在河、海或陆地等沉积下来，经过压实、固结形成沉积岩。沉积岩、火成岩在地下高温、高压等条件下，成分和结构等发生改变，形成变质岩。这3类岩石在地下深处被高温熔化，又成为新的岩浆。如此周而复始，就形成了一个完整的岩石圈物质循环过程。

世界无奇不有

问 你知道一个完整的岩石圈物质循环周期有多长吗？

答 一般要经历几百万年。例如，有的沉积岩是由几百万年以来堆积的碎屑物质构成；有的岩浆需要经过数千年甚至数百万年的时间才能最终形成火成岩；在上述内容的基础上，其中一些沉积岩和火成岩才转化成变质岩。

循环中的循环

岩石圈物质循环的过程中，火成岩和岩浆可以相互转化，沉积岩也可以转化为同类的新岩石。此外，火成岩和沉积岩都能转化成变质岩。

火山

当熔岩（指喷出地表的岩浆）、火山灰等火山碎屑物或气体喷出地表时，就发生了火山喷发。有的火山喷发十分猛烈，能把火山碎屑物高高抛向空中。有的火山喷发则比较和缓，岩浆只是从地壳的裂缝中溢出地表，冷却后可形成一种固体岩石，称为玄武岩。

火山的形状

火山是由炽热岩浆及伴随的气体和碎屑物喷出至地表后冷凝、堆积而成的山体。火山的形状主要受到喷出岩浆类型的影响。流动性高、黏性较低的岩浆常形成盾状火山，具有低而缓的斜坡，例如夏威夷岛上的火山。黏性很大的岩浆不容易流动，一般形成复式火山，坡度较大，多为对称的锥形，如日本的富士山。

岩浆是一种黏度较大的熔融物质，内含气体和融化的岩石，有的汇集于火山内部，最终喷发而出。

活火山与死火山

活火山是指目前尚在活动或周期性喷发的火山，例如意大利西西里岛的埃特纳火山以及西班牙特内里费岛的泰德峰火山。死火山是指在人类历史中从未喷发过且无活动性的火山。

海底火山

全球目前有大约500座活火山，其中有近70座在水下，如希腊圣托里尼岛附近的科伦博海底火山。1650年，科伦博海底火山的椎体突然露出水面，火山喷发夺去了约70个圣托里尼岛居民的生命。

世界无奇不有

问 什么是破火山口？

答 破火山口是指火山喷发过程中或喷发后，火山口发生崩塌、向内陷落形成的比原火山口大得多的洼地。有时洼地会积水，形成火山口湖。

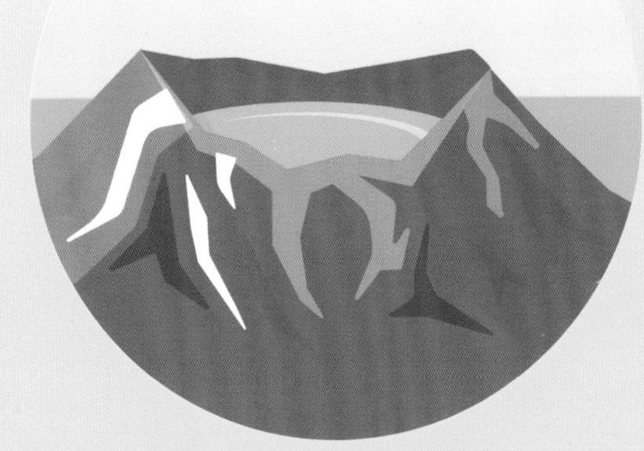

火山口湖

火成岩

地球内的岩浆只有一小部分能够喷出地表，冷却凝固而形成火成岩。大部分岩浆仍留在地下，冷却后形成火成岩。

地下冷凝

岩浆因受到压力会顺着地壳裂隙上升并涌向地表。到了没有裂隙的地方，岩浆停止流动，被留在地下，在此缓慢冷凝，形成坚硬的岩石。

这些山脉由花岗岩构成。花岗岩是一种火成岩。

晶粒

岩浆冷凝时可以形成晶粒。晶粒的大小首先取决于岩浆冷凝的速度。如果岩浆冷凝速度缓慢，通常形成粗大晶粒，如辉长岩和花岗岩中的矿物晶粒。如果岩浆冷凝速度较快，通常产生细小晶粒，例如玄武岩中的矿物晶粒。

炽热的岩石

世界某些地方的地表之下，存在炽热的火成岩。炽热的岩石能使地下水温度升高，人们可以挖井来取用这些热水。有的地方，热水从地下喷出或涌出，形成温泉。温泉的热能可用来发电。

世界无奇不有

问 你知道什么是间歇泉吗？

答 间歇泉是温泉的一种，可从地下周期性地喷出热水和水蒸气。间歇泉在近代火山活动区分布较多，地下炽热的岩浆为之提供了热量。世界上最著名的间歇泉之一是位于美国黄石国家公园的老忠实间歇泉，它每 60 ~ 110 分钟喷发一次，能将数万升热水喷射到空中。

水中沉积岩

河流中有大量沉积物，如被冲入水中的砂、粉砂和黏土，久而久之便会形成新的沉积岩。

海底沉积岩

河流所搬运的部分碎屑物质随河水汇入海洋，沉入海底。数百万年来，层层沉积物在海底逐渐堆积。越来越多的沉积物沉入海底，上层沉积物的重量使下层沉积物中的水分被挤出。同时，某些化学物质填充到沉积物的粒间孔隙中间，这有助于胶结固化沉积物，形成沉积岩。

图中是低潮时河口的泥滩。部分泥浆被冲入大海，沉入海底。

这些岩石是由石灰岩（一种沉积岩）形成的。岩石被海浪击碎，堆积在一起。

岩石中的信息

一些沉积岩形成于数亿年前，在此期间，气候和植被不断变化，沉积物也发生相应变化，形成了不同的沉积岩岩层。地质学家通过研究悬崖上的岩层，就能够了解地球上数百万年前的气候。

美国科罗拉多大峡谷的崖壁主要是由沉积岩构成的。从谷底向上，沿着崖壁出露着大约6亿年前（即前寒武纪）至今所有地质年代的岩层，层次清晰。

世界无奇不有

问 我们能从岩石中了解恐龙灭绝的故事吗？

答 科学家们推测，约 6500 万年前（即白垩纪），一颗直径大约 10 千米的小行星撞击了地球，导致了包括恐龙在内的许多动植物物种的灭绝。科学家们检测了岩层中铱元素的含量，发现 6500 万年前左右的岩层中铱元素含量异常高，这成为支持小行星撞击地球假说的证据。因为铱元素在陨石中含量十分丰富，而在地球表面却并不常见。

沉积岩的类型

沉积岩根据成因、物质成分和结构等，可分为多种类型。

石灰岩

石灰岩的主要矿物成分是方解石，方解石的化学成分为碳酸钙。石灰岩的成因与生物的关系十分密切，例如有一种叫白垩的石灰岩，就主要是由海洋浮游生物的遗体集聚而形成的。

这些山崖由白垩构成，白垩质软，性脆。

砂岩

砂岩主要由砂粒胶结而成，砂粒由常见矿物石英（见第5页）等组成。二氧化硅是砂岩中常见的胶结物。

砾岩

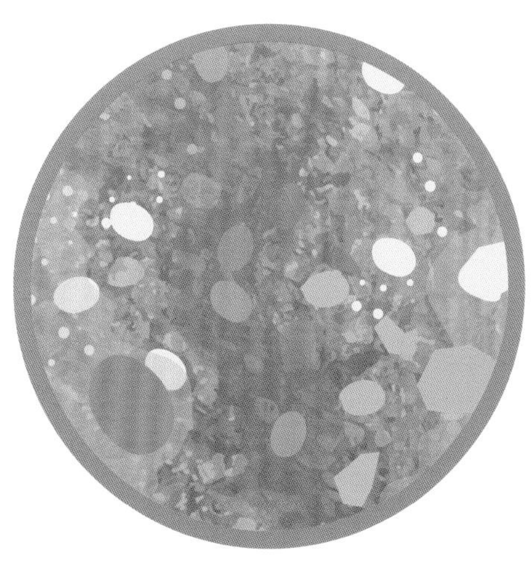

砾岩是一种由砾石胶结而成的岩石，砾岩中的胶结物通常有二氧化硅、碳酸钙等物质。在海滩和河流处常常可以看到砾岩。

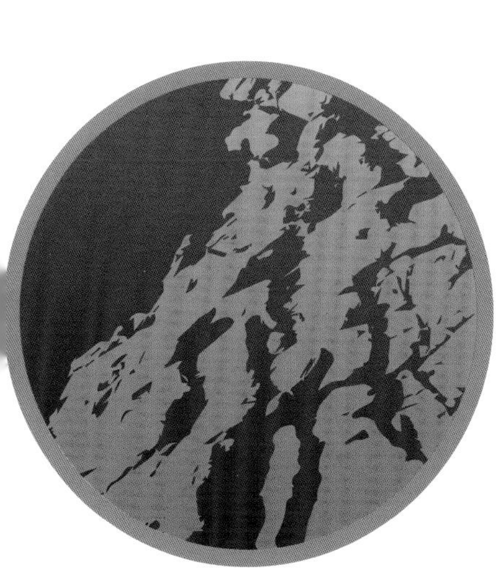

黏土岩

黏土岩主要是由直径小于0.005毫米的黏土矿物颗粒组成的岩石。黏土岩是分布最广的一类沉积岩。页岩是具有薄页状或薄片状层理构造的黏土岩，页岩可用于制造砖块等建筑材料。

世界无奇不有

问 什么是化石？

答 化石是指存留在地层中的古生物遗体、遗迹等的统称。生物的遗体落入湖底或海底后，身体的柔软部分几乎全部分解完了，而坚硬部分（如骨头或外壳）埋在泥沙之中，最终成为岩石的一部分。

褶皱和断层

构造运动主要是地球内动力引起的地壳机械运动。构造运动会造成岩层的永久性变形或变位，形成各种地质构造，最常见的地质构造是岩石的褶皱和断层。

褶皱

岩层在形成时一般是水平的。构造运动产生的强大挤压力，会使岩层发生变形而产生一系列连续弯曲，形成褶皱。

褶皱由背斜和向斜组成。背斜岩层一般向上拱起，向斜岩层一般向下弯曲。

这些岩层主要由泥岩和页岩组成，受压后向上抬起，几乎垂直于地面。

断层

想象一下：你正试图把一支铅笔掰断，首先你需要用双手向铅笔施加强大的力，使铅笔弯曲，从中间断裂。岩层也是如此。当构造运动产生的强大压力、张力等作用力超过了岩层的承受力时，岩层就会破裂断开。如果两侧岩块沿断裂面发生明显的滑动移位，就形成了断层。

东非大裂谷的形成是由于两条大致平行的地层发生断裂，中间的岩块相对下降，从而形成了一条深陷下去的宽带状低地。

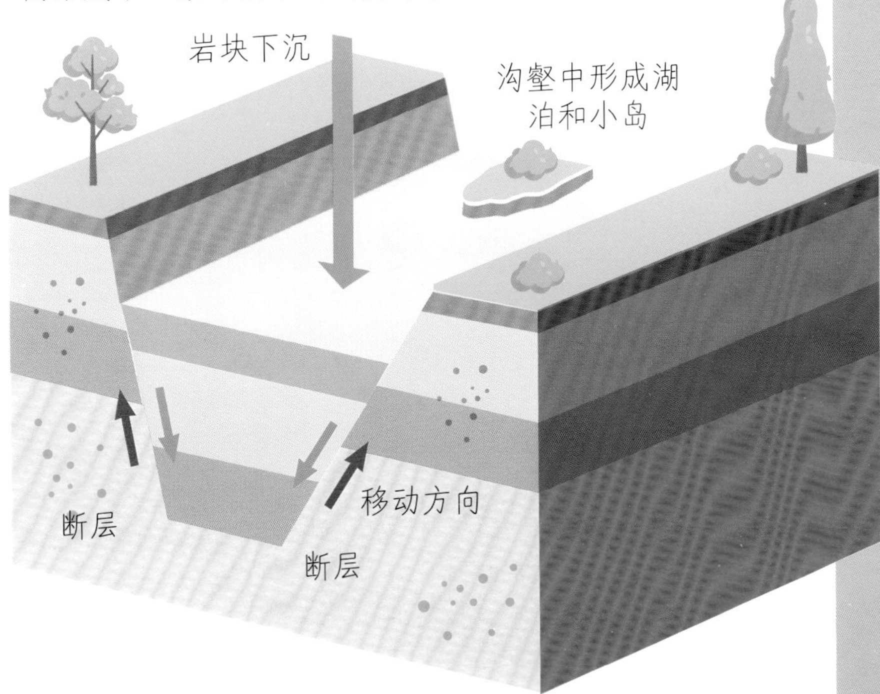

山脉的形成

板块构造学说较好地解释了大地构造运动的规律和机制（见第7页）。该学说认为，在板块相撞挤压的地区，常形成山脉。喜马拉雅山脉就是印度板块与亚欧板块相撞形成的。板块运动仍在继续，喜马拉雅山脉的高度每年都会有所增加。

世界无奇不有

问 你知道地震是怎么产生的吗？

答 地震是地球内部能量急剧释放的表现，这些能量会以波动的方式释放出来，造成地壳震动。地壳的构造运动是引起地震的主要原因。大多数地震的震感很小，不易被人察觉，但大地震的破坏性极强，会造成人员伤亡。

变质岩

地下深处极高的温度和巨大的压力能够使岩石的成分、结构、构造等发生改变，从而形成变质岩，如片麻岩和大理岩。

挤压

岩石受到挤压后，结构、构造等会发生变化，几百万年以来，这一过程在地下从未中断过。岩石颗粒的形状受到挤压后也会发生改变，从圆形变得几乎扁平。火成岩和沉积岩在压力的作用下，其结构等都会发生改变。如砂岩（一种沉积岩）变质成石英岩时，层理消失，矿物颗粒重新结晶。

花岗岩（一种火成岩）可以变质成片麻岩。片麻岩具有暗色矿物与浅色矿物组成的不连续的条带构造特征。

几千年来，人们使用片麻岩建造建筑物，图中这个是几千年前建造的石圈结构。

大理岩

在高温和高压的作用下，石灰岩（一种沉积岩）可变质成大理岩。大理岩是一种常用的建筑材料，表面光滑坚硬。大理岩的硬度比石灰岩的硬度大，但却不如花岗岩的硬度。大理岩有多种类型，有的以产地命名，如以世界大理石之都卡拉拉（意大利）命名的卡拉拉白大理岩。

世界无奇不有

问　你知道什么是板岩吗？

答　板岩是由页岩形成的变质岩，具有密集平行的破裂面，沿破裂面板岩容易分裂成薄板，所形成的薄板可以用作屋顶上的瓦片。

比萨斜塔就是用白色的卡拉拉大理岩修建而成。

风化作用

岩石不可能一成不变。地壳表面的岩石在大气、太阳辐射、水和生物等外力作用下会发生破坏或化学分解，这种过程称为风化作用。

热胀冷缩

沙漠中的岩石白天在太阳光的暴晒下变得滚烫，表层体积膨胀。而到了夜晚，温度下降，岩石表层的体积就会收缩。在长期的昼夜、季节性温度变化的影响下，岩石表里受热不均匀，膨胀与收缩交替反复进行，这就导致岩石产生裂缝，容易从表层开始一层一层地剥落，岩石最终碎裂。热胀冷缩是一种常见的物理风化方式。

冰劈作用

冰劈作用也是一种常见的物理风化方式。有的地区昼夜温度常在0℃上下波动，因而冰劈作用比较明显。水滴入岩石裂缝中，在气温降到0℃以下时会结冰。水结冰时体积发生膨胀，致使岩石裂缝变大。气温上升，冰融化成水，水向岩石深处渗透。冻结和融化过程反复发生，岩石中水的体积不断膨胀收缩最终导致岩石裂成碎块。

世界无奇不有

问 你知道天然岩石拱门是如何形成的吗？

答 天然岩石拱门的形成通常是受到风化和侵蚀作用（见第24页）的影响。美国犹他州的拱门国家公园中有2000多座天然石拱门，其中的玲珑拱门是世界上最著名的拱门之一，主要成分是砂岩。

化学风化

除了物理风化，风化作用的类型还包括化学风化。例如，雨水落在一些岩石的表面能导致岩石发生分解，使其化学成分发生变化，形成新的物质。这是因为雨水不是纯净水，雨水里面溶解了大气中的部分二氧化碳而形成碳酸。当雨水落在石灰岩等岩石上时，碳酸会使岩石中的某些矿物分解，慢慢地磨损岩石。

侵蚀作用

地表岩石等物质受到自然作用力而发生溶解和破坏，并被搬运到其他地方，这一过程叫做侵蚀作用。这些自然作用力包括风力、流水和波浪等。

侵蚀作用通常与风化作用同时发生。风化作用形成的岩石碎屑被风和水等搬运或溶解、破坏，而暴露出来的岩石就受到了风化。

悬崖塌陷

海边的悬崖时常受到海水的冲刷，尤其是暴风雨期间，冲刷情况更加严重。波浪的力量能将悬崖的岩石击碎，侵蚀悬崖底部的岩石。悬崖底部的岩石不断被海水冲走，导致其余部分坍塌。由软质岩（如黏土岩）构成的悬崖要比由坚硬的岩石构成的悬崖更易塌陷。

这些悬崖是由质地较软的白垩形成的，正不断受到海浪冲蚀。

海滩

滚滚而来的海浪将许多小块岩石一起磨碎，岩石变得越来越小，变成砾石，有的最终被磨成砂。海浪退去时，带走部分砾石和砂。砾石和砂沿着海岸沉积，逐渐形成海滩。海浪有进有退，一些海滩源源不断地获得来自其他地方的砂砾等碎屑物，而有些海滩的沙砾则不断流失。

海浪沿着海岸将砂和砾石带走，沉积在离岸一定距离的水下，形成平行海岸的沙坝。越来越多的砂和砾石沉积下来，沙坝也变得越来越长。

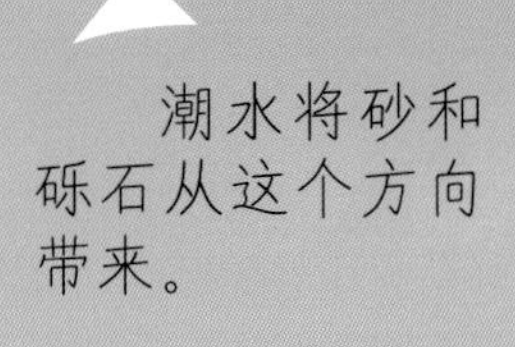

砂和砾石在这里沉积。

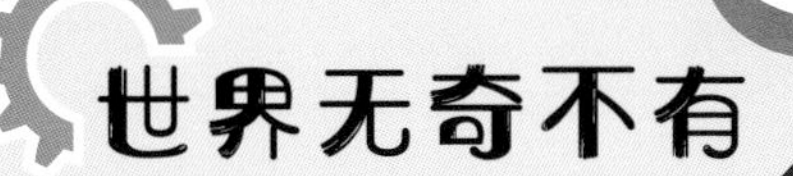

问 你知道什么是防波堤吗？

答 防波堤是为阻挡波浪直接侵入港内水域而修建的建筑物或其他设施。防波堤通常由岩石、木材或混凝土等材料建造。防波堤是防御海岸侵蚀普遍使用的方法，在有被海浪侵蚀风险的海岸附近，常常会修建防波堤。

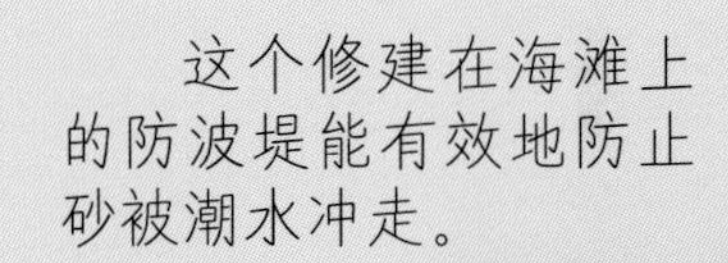
这个修建在海滩上的防波堤能有效地防止砂被潮水冲走。

土壤

岩石是形成土壤的物质基础。土壤是陆地表面能生长植物的疏松表层，由矿物质和生物活动产生的有机质（如枯叶）等物质组成。

植物的根生长在土壤中，并从中吸收水分和养分。

砂土、壤土和黏土

土壤矿物质基本上是岩石风化作用的产物。土壤矿物质颗粒按照粒径大小可以分为石砾、砂粒、粉粒、黏粒等。根据不同矿物质颗粒在土壤中所占的相对比例，土壤一般分为砂土、壤土和黏土等类别。黏土成分中黏粒所占比例大，透水性差，保水性能强。相比之下，砂土成分中砂粒所占比例大，透水性强，保水性能弱，易旱。壤土中所含的砂粒、粉粒、黏粒的比例适中，透水性能良好，保水性能强，适宜农作物生长。

农民们用犁翻土，疏松土壤，利于播种。

腐殖质

植物的落叶和其他部分落地分解后可形成腐殖质。腐殖质是土壤有机质的主要组成部分。腐殖质对土壤有益，能够增强土壤保水性，使土壤的性能更佳。腐殖质还能为植物的生长提供养分。

水土流失

气候对土壤的影响很大。在土壤中种植植物，植物的根能够固定土壤，起到保护土壤的作用。然而，如果移除土壤上的植被，土壤暴露出来，就有可能被雨水冲走，造成水土流失。

世界无奇不有

问 你知道什么是土壤剖面吗?

答 土壤剖面是指从地面垂直向下挖掘所裸露的土壤纵剖面，能够显示构成土壤的各个土层结构。用于农业生产的壤土厚度大，但有些土壤类型厚度较小，比如白垩这种石灰岩上的土壤。

岩石与人类活动

岩石是形成地貌的物质基础，可以形成山地或其他类型的地貌。岩石的用途广泛，人们从大型采石场中开采出各种岩石，用来修建建筑物和道路，甚至可以用来制成珠宝。然而，岩石也会因为人类活动遭到破坏。

旅游

壮丽的山脉，宏伟的岩石景观，都是深受人们欢迎的旅游景点。然而，过多的游客参观游览也会造成岩石表面受损。

酸雨

酸雨是由空气污染造成的，对岩石有破坏作用。雨水虽本身就呈弱酸性，但来自汽车和工业的空气污染再次增加了雨水的酸度。当酸雨落在石灰岩等软质岩建筑上时，会使岩石受到侵蚀。酸雨的这种破坏性是世界性的，欧洲的大教堂和城堡、希腊雅典的帕特农神庙和埃及的金字塔，都或多或少受到了酸雨的破坏。

世界无奇不有

问 泰姬陵是否因为空气污染遭到破坏?

答 是的。印度的泰姬陵是用坚硬的白色大理石建造的，但是由于汽车的尾气和附近工业生产造成的空气污染等环境问题，泰姬陵正在遭受破坏。泰姬陵的墙壁上已经出现了裂缝，白色的大理石正在逐渐褪去光泽，变为黄褐色。印度政府正在努力改善空气质量，以保护这座建筑免受更严重的破坏。

雅典市内交通拥堵，造成的空气污染对帕特农神庙的破坏严重。

词汇表

白垩 石灰岩的一种，主要由海洋浮游生物的遗体集聚而成。(16，24，27)

变质岩 在一定的温度、压力等条件下，地壳中原有岩石的矿物成分、结构等发生改变而形成的一种新的岩石。(4，5，8，9，20，21)

长石 一种地壳上分布广泛的矿物，是几乎所有火成岩的主要矿物成分。(4)

沉积岩 成层堆积的松散沉积物固结而成的岩石。(4，5，8，9，14，15，16，17，20，21)

大理岩 俗称大理石，可由石灰岩变质形成。(5，20，21)

地核 地球的核心部分。(6)

地幔 地球内部介于地壳和地核之间的圈层。(6，7，8，10)

地壳 地球固体圈层的最外层。(4，6，7，8，10，12，18，19，22)

断层 岩层因为受到构造运动产生的强大作用力发生断裂，两侧岩块沿断裂面有明显滑动移位的一种断裂构造。(18，19)

二氧化硅 广泛分布于自然界中的一种化合物，构成了各种矿物和岩石。(5，17)

方解石 一种矿物，成分为碳酸钙，分布非常广泛，是组成石灰岩和大理岩的最主要的矿物成分。(16)

粉砂 非常微小的矿物和岩石碎粒。(14)

风化作用 地壳表面的岩石在大气、太阳辐射、水和生物等外力作用下发生破坏或化学分解的过程。(22，23，24，26)

腐殖质 动植物残体等经过微生物分解转化后，重新合成的复杂的有机质。是土壤有机质的主要组成部分。(27)

构造运动 也称地壳运动，主要是地球内动力引起的地壳机械运动。(18，19)

黑云母 一种黑色或深褐色矿物，主要产于火成岩和变质岩中。(4)

花岗岩 一种常见的火成岩，主要由石英、长石和黑云母等矿物组成，广泛用于建筑物。(4，5，12，13，20，21)

化石 存留在地层中的古生物遗体、遗迹等的统称。(17)

化学风化 岩石在大气、水等的作用下发生分解，使其化学成分发生改变，形成新物质的过程。是风化作用的一种类型。(23)

活火山 目前尚在活动或周期性喷发的火山。(7，11)

火成岩 又称岩浆岩，由炽热的岩浆冷却凝固形成的岩石。(4，5，8，9，12，13，20)

火山灰 火山爆发时喷出的大量尘埃或微粒。(10)

火山口 火山喷发时地下高温气体、岩浆物质喷到地面的出口。(11)

火山喷发 地球内部物质快速猛烈地以岩浆形式喷出地表的现象。(8，10，11)

间歇泉 温泉的一种，可从地下周期性地喷出热水和水蒸气。(13)

矿物 具有相对固定的化学成分和确定的内部结构的天然单质或化合物。(4，5，13，16，17，20，23)

砾岩 一种由砾石胶结而成的沉积岩。(17)

黏土岩 主要是由直径小于0.005毫米的黏土矿物颗粒组成的沉积岩。(17，24)

片麻岩 变质岩的一种，可以由花岗岩变质而成。(20)

破火山口 火山喷发过程中或喷发后，火山口发生崩塌、向内陷落形成的比原火山口大得多的洼地。(11)

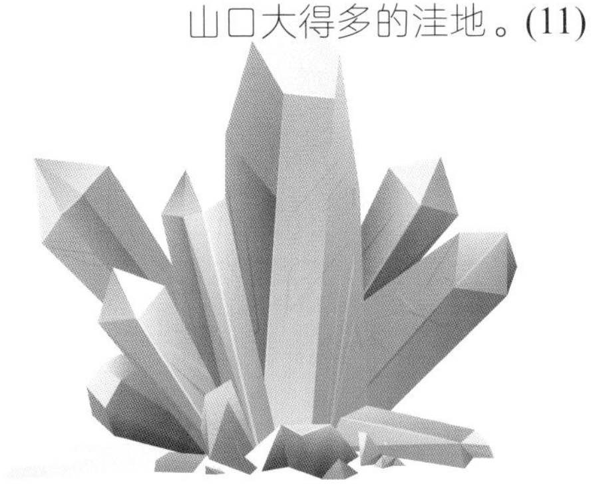

侵蚀作用 地表岩石等物质受到自然作用力而发生溶解和破坏，并被搬运到其他地方的过程。这些自然作用力包括风力、流水和波浪等。(23，24)

壤土 由比例适中的砂粒、粉粒、黏粒所组成的土壤。(26，27)

砂岩 一种沉积岩，主要由砂粒胶结而成，砂粒由常见的矿物石英等组成。(4，17，20，23)

石灰岩 一种沉积岩，主要矿物成分是方解石。(5，14，16，21，23，27，29)

石英 一种分布广泛的矿物，成分为二氧化硅。(4，5，17)

石英岩 一种变质岩，主要矿物成分为石英。(20)

死火山 在人类历史中从未喷发过且无活动性的火山。(11)

酸雨 超过正常酸度的降水。一般认为，酸雨是由于工业过程的化石燃料燃烧，排放硫和氮的氧化物到大气中，随后转化为硫酸和硝酸所引起的。有较大的腐蚀性，是严重的环境污染之一。(29)

土壤 陆地表面能生长植物的疏松表层，主要由矿物质、有机质、生物质、水分和空气等组成。(26，27)

土壤矿物质 土壤中岩石风化作用的产物。(26)

土壤有机质 包括遗留在土壤中的动植物残体，以及在土壤微生物作用下所形成的腐殖质。(27)

物理风化 岩石在大气辐射、水等外力作用下发生崩裂、粉碎的过程，一般不引起化学成分的变化。是风化作用的一种类型。(22，23)

玄武岩 火成岩的一种，一般呈黑色或灰色。(10，13)

岩浆 地下深处的高温熔融物质。(4，5，6，8，9，10，12，13)

岩石圈 包括地壳和上地幔顶部，由岩石组成。(7，8，9)

页岩 一种具有薄页状或薄片状层理构造的黏土岩。(4，17，18，21)

褶皱 岩层受到构造运动产生的强大挤压力后造成连续弯曲，形成褶皱。(18)